HISTOIRE

DU

COUCOU D'EUROPE.

HISTOIRE DU COUCOU D'EUROPE.

Ouvrage divisé en trois parties, dont la première renferme l'historique du Coucou ; la seconde, les expériences ou les observations que l'auteur a faites sur cet oiseau extraordinaire ; la troisième, un Supplément, ou des notes critiques qui ont paru propres à mettre dans un plus grand jour les singularités de son histoire.

PAR M. A. J. LOTTINGER,

Médecin pensionné de la ville de Saarbourg ; aggrégé honoraire et membre de plusieurs Sociétés de médecine et littéraires, et correspondant du Cabinet national de la Société de médecine de Paris.

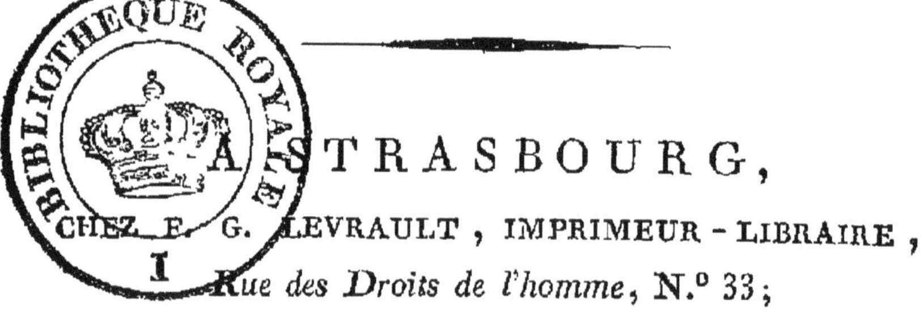

A STRASBOURG,

CHEZ F. G. LEVRAULT, IMPRIMEUR-LIBRAIRE, *Rue des Droits de l'homme*, N.° 33 ;

Et se trouve à PARIS, chez FUCHS, quai des Augustins, N°. 28.

L'AN 3.

In tenui labor.

DISCOURS PRÉLIMINAIRE.

De tous les oiseaux que nous voyons en Europe, le coucou, le gobemouche de Lorraine et le merle d'eau sont ceux qui présentent le plus de singularités : c'est pourquoi j'ai cru devoir observer ces trois espèces très-particulièrement. Quoique je me sois livré à cette entreprise avec autant de zèle que de constance, néanmoins je n'ai pu me satisfaire entièrement ; les occupations importantes de mon état ne m'ayant pas permis de pousser mes recherches et mes essais aussi loin que je l'aurois voulu, notamment à l'égard des procédés relatifs à la réproduction du coucou. Cependant l'on sera, j'espère, content de mes nouvelles observations sur cet oiseau.

Ceux qui n'ignorent pas ce qu'il en coûte pour faire d'utiles découvertes relativement à l'histoire d'un animal qui vit en pleine liberté, sauront apprécier celles qui concernent un oiseau dont les manières de faire sont si extraordinaires et si difficiles à observer, qu'il n'en est aucun au sujet duquel l'on ait autant varié et dont on ait débité plus de fables.

» Comment un seul homme, comment » une génération entière, plusieurs même, » pourroient-elles complettement, dit M. de » Buffon, faire l'histoire d'un seul animal? » presque tous les animaux craignent » l'homme et le fuient : le caractère de su- » périorité que la main du Très-Haut a gravé » sur son front, leur inspire plus de frayeur » que de respect; ils ne soutiennent pas » ses regards, ils se défient de ses embû- » ches, ils redoutent ses armes. Pour les » connoître dans l'état de sauvage et les » suivre jusques dans les retraites qu'ils » ont choisies, il faudroit, en les étudiant, » faire en sorte de n'en être pas aperçu; » car ici l'œil de l'observateur, s'il n'est

» en quelque sorte invisible, agit sur le » sujet observé et l'altère réellement. Mais » il est fort peu d'animaux, surtout parmi » ceux qui sont aîlés, qu'il soit facile » d'étudier ainsi; les occasions de les voir » d'après leur nature véritable, et de mon- » trer leurs mœurs pures et franches de » toute contrainte, ne se présentant que de » loin en loin, il s'ensuit qu'il faut beau- » coup de siècles et de hasards heureux » pour amasser tous les faits nécessaires, » et une grande attention pour rapporter » chaque observation à son sujet. «

Aussi rien de plus pénible que mon travail sur le coucou; et véritablement, ne voulant m'en rapporter qu'à moi-même, et s'il m'étoit possible, ne connoître que par mes propres observations ce qui se passe entre lui et les oiseaux qui se chargent de couver son œuf, quelle constance ne m'a-t-il pas fallu? combien d'obstacles n'ai-je pas éprouvés, et que de courses infructueuses j'ai dû faire pour parvenir enfin à la certitude des faits et des phénomènes que je rapporte dans l'histoire de cet oiseau! Cependant la découverte d'un fait nouveau dans l'étude de la nature causant le plus grand plaisir, transportant même, comme le dit et comme l'a éprouvé souvent le prince des naturalistes, combien agréablement ne me trouvois-je pas dédommagé, quand à l'aide d'un feuillage trompeur, caché dans ma loge pour épier les démarches du coucou, je le surprenois malgré ses mesures, et le voyois, contrairement à ce que dit de cet oiseau M. de M. à la p. 70 du onzième vol. édit. in-12. de l'Histoire naturelle, venir à son jeune, se placer à sa portée et assez près pour en être vu et entendu, et par conséquent s'occuper de lui et lui montrer de l'attachement! ou quand, cherchant à lever le voile qui jusqu'alors nous avoit laissés dans l'incertitude des faits qui concernent le gobemouche de Lorraine mâle, ci-devant le becfigue, et dérobé la connoissance de ce qui le distingue entre tous les autres oiseaux, je découvrois sa tendresse incomparable pour sa femelle, à la perte de laquelle il ne peut survivre; les mutations extraordinaires et presque subites qui se font dans les couleurs de son plumage, ou ses métamorphoses, source de tant d'erreurs; enfin, les autres faits les plus essentiels de l'histoire de cette espèce si peu connue, quoiqu'elle se perpétue parmi nous, quoique célèbre depuis les temps les plus reculés, et quoique par ses émigrations annuelles elle se montre dans une infinité de lieux!

Au surplus, ayant déjà fait, il y a quelques années, des observations assez suivies sur le coucou, et ayant reconnu avec étonnement, qu'accusé d'insouciance pour les siens, d'infidélité, d'ingratitude, de barbarie et de plusieurs autres vices, cet oiseau l'étoit injustement, et que ses procédés relatifs à la réproduction de son espèce, que l'on prenoit pour des irrégularités monstrueuses, présentoient au contraire des phénomènes curieux, des faits intéressans et très-singuliers, la plupart mal vus, les autres ignorés ou oubliés; enfin, m'ayant semblé que dans ce qui se passe entre le coucou et l'oiseau qui couve son œuf, et surtout entre le coucou et la fauvette, au lieu d'un écart de la nature, l'on aperçoit le doigt de son auteur qui s'y manifeste, non à la vérité de la manière ordinaire, mais sous les apparences du désordre; je publiai un mémoire dans lequel je cherchai à faire connoître combien la plupart des opinions au sujet du coucou, étoient erronées, et j'observai que l'on eût pu remarquer le fait le plus important, là où l'on n'avoit vu que bizarrerie et que monstruosité. Un savant crut devoir s'élever contre un aperçu que l'opinion générale et le préjugé pouvoient en effet faire regarder comme aussi singulier que nouveau; en conséquence, il opposa à ce que j'en avois publié, des argumens, beaucoup d'hypothèses et quelques expériences. C'est par des notes sous la forme de supplément, ou par des réflexions polémiques pour servir de réponse à ces objections, que j'ai terminé l'histoire du coucou; persuadé qu'une discussion de cette nature ne pourra que contribuer à mieux faire connoître cet oiseau et à remplir ainsi mon but.

HISTOIRE

DU

COUCOU D'EUROPE.

Le coucou d'Europe, ou commun, se nomme en latin cuculus, en italien cucco, en anglois cuccow, en allemand kukkuk. Il est beaucoup moins connu que son chant, attendu que toujours, ou presque toujours, on l'entend sans le voir. Aperçu à une certaine distance, il paroît un oiseau de rapine; mais, quand on vient à le considérer de près, l'on remarque bientôt qu'il n'en a ni le bec ni les pieds. Sa tête est grosse, et sa queue, qui est très-flexible, est composée de dix plumes étagées, longues de sept pouces et demi.

Le coucou, déjà avancé en âge, a la partie inférieure du cou d'un cendré clair, le dessus d'un cendré obscur, et le dessous d'un blanc sâle, marqué de taches transversales brunes ou d'un brun noir : sa queue est noirâtre, blanche à l'extrémité, et parsemée en-dessus de quelques petites taches de même couleur.

Plus jeune, presque toutes ses plumes sont terminées de blanc; les couvertures de sa queue sont d'un beau cendré, et son corps est en-dessous plus blanc, et par-dessus d'un cendré moins foncé que celui des vieux coucous. L'on en voit aussi qui, dans les premières années, ont une tache blanche derrière la tête. Au surplus, il en est qui diffèrent entièrement de ceux que je viens de décrire, et j'en conserve un qui ressemble beaucoup plus à un épervier qu'à un coucou ordinaire. Le dessus de son corps est joliment varié de roux, de brun et d'un peu de blanc; le dessous est traversé de bandes d'un brun noirâtre, qui sur le cou inférieur sont en très grand nombre: on ne lui voit rien de cendré; et quoiqu'il ait la tache blanche, il paroît par des poils assez longs qui lui sortent des narines, et la circonstance dans laquelle il fut tué, qu'il avoit alors deux ou trois ans.

Le coucou n'est pas conformé comme les autres oiseaux. Ceux-ci ont l'estomac attenant au dos, et les intestins dans la partie inférieure du ventre: le coucou, au contraire, a le ventricule voisin de l'anus, et les intestins près du dos; conformation qui paroît la vraie cause de tous les phénomènes que présente cet oiseau. A cette occasion, je dois observer que le cassenoix, quoi qu'en ait dit M. de Monbeillard, n'a pas l'estomac placé de même que celui du coucou, et qu'on lui trouve, entre cette partie et l'anus, une portion des intestins.

Les coucous arrivent en avril et au commencement de mai; cependant, le 29 mars 1784, après un hiver des plus rudes et dans un temps de neiges, il en fut tiré un, dans nos environs, que le chasseur avoit pris pour une bécassine: il étoit parfaitement emplumé, mais fort maigre, sans doute par le défaut de nourriture, et à raison de la route très-longue qu'il venoit de faire.

Les bois sont le domicile ordinaire du coucou; cependant ceux qui se tiennent vers les bords de la mer, préfèrent, dit-on, les petites isles voisines du continent, où ils ne trouvent que des genets et de la bruyère : l'on ajoute qu'ils y sont moins sauvages qu'ailleurs, et qu'ils y chantent de nuit comme de jour; ceci demande d'être confirmé.

Les coucous sont à peine arrivés qu'ils s'apparient; et il y a plus que de la vraisemblance qu'ils contractent une union durable, sinon pour un long temps, du moins pour celui des nichées : cependant l'on croit assez généralement, que les coucous mâles ne se fixent aucunement, et que leur union, ainsi que celle des cailles, n'est que momentanée. J'ai fait voir, en traitant de celles-ci, combien l'on se trompoit à cet égard, et tout indique que l'on n'est pas moins dans l'erreur au sujet des coucous mâles. En effet, ils reviennent chaque année dans le même canton, et dès que leur femelle a fait sa ponte dans un nid quelconque, l'on entend constamment le chant du coucou dans les environs; ce qui étant, et s'il est vrai que les coucous femelles ne chantent pas, ce sont des mâles que l'on entend alors. Il paroît donc assuré qu'ils restent appariés, du moins pendant tout le temps que demande l'éducation de la famille; et c'est chose suffisamment prouvée par le fait que je vais rapporter, sans parler de la preuve tirée des coucous qui chantent et qui ne viennent point à l'appel.

EXTRAIT d'une lettre de M. Lucot d'Hauterive, ci-devant chevalier de S. Louis et prévôt général à Châlons en Champagne.

» Me promenant en 1782, dans une forêt » de Pont-à-Mousson, où je demeurois alors, » j'entendis des oiseaux dont le cri n'avoit pas » souvent frappé mes oreilles ; je m'approchai » le plus doucement que je pus, et je vis trois » oiseaux sur une branche de hêtre, dont un » jeune qui recevoit la becquée de ceux qui » me parurent vieux. A mon approche, l'un » des trois s'envola ; je le tirai et le tuai : c'est » celui que je vous envoie. Je fus étonné de » voir que c'étoit un coucou. Le jeune étoit » resté sur la branche ; je lui jetai quelques » brins de terre, et comme il voloit très-difficilement, je le poursuivis jusqu'à ce que je » l'eusse attrappé. J'ai nourri huit jours cet » oiseau. «

Les coucous ne font point de nid et ne couvent pas ; cependant ils se perpétuent par le moyen d'un ou de deux œufs qui doivent être pondus et couvés dans un nid. A cet effet ils emploient celui de tout oiseau, dans lequel leur jeune peut venir à bien, et être élevé jusqu'à ce qu'il soit en état de les joindre ; et nous voyons que les espèces qui passent pour être des plus méchantes, comme la piegrièche et le corbeau ; que celles qui ne souffrent rien d'étranger dans leur nid, comme la fauvette et quelques autres, rendent ce bon office au coucou ; qu'elles admettent son œuf, qu'elles le couvent, nourrissent et élèvent le jeune qui en provient. Cependant le coucou use de prudence et de précaution, et l'on ne voit guères qu'il dépose son œuf dans un nid dont le propriétaire commence seulement à pondre, soit parce que celui-ci, y étant encore peu attaché, le quitteroit facilement, soit parce que l'œuf du coucou demande d'être couvé sans délai. C'est encore chose qui paroît certaine, que le coucou, quoi qu'en aient dit quelques-uns, ne débute aucunement par jeter les œufs du nid dans lequel il veut déposer le sien, et que, d'ordinaire, il attend pour le faire que son jeune soit né ou près de naître. Je n'ai jamais vu le cas contraire; et s'il existe ou s'il arrive que l'œuf du coucou soit quelquefois couvé seul pendant plusieurs jours, et à plus forte raison dès l'instant qu'il a été pondu, c'est certainement, comme je l'ai prouvé dans mon mémoire, un phénomène bien singulier à ajouter à tous ceux que présente l'histoire de cet oiseau.

L'on conçoit que le coucou qui cherche à déposer ou qui dépose son œuf dans un nid, doit donner aux propriétaires les plus vives inquiétudes, et qu'il ne seroit pas étonnant qu'alors on les entendît se plaindre, et qu'on les vît s'agiter comme pour se mettre en défense (en tout temps l'apparition seule du coucou produit un effet pareil); mais l'on doit regarder comme un conte fait à plaisir ce que l'auteur des Observations sur l'instinct des animaux, t. I, p. 167 et note 12, dit de ces deux rougegorges, dont l'un donnoit des coups de bec dans le ventre d'un coucou qui vouloit pondre dans son nid, tandis que l'autre mettoit sa tête jusques dans la gorge béante de cette femelle : en effet, de telles manières sont bien éloignées de celles d'un oiseau qui couve. D'ailleurs le coucou adulte n'ouvre pas ainsi le bec, et il est trop méchant et trop à redouter pour être attaqué de cette manière par de pareils ennemis. Enfin, le rougegorge est plus familier que hardi, et les femelles de cette espèce, de même que les autres, quittent à la vérité très-difficilement leur nid quand elles couvent, mais on ne les voit jamais voltiger ni faire bruit autour de celui qui les inquiète; ce n'est que pour leurs jeunes qu'elles en agissent ainsi.

Dans nos Vôges, ainsi que dans les forêts de la plaine, et vraisemblablement dans les autres contrées où le rougegorge et le chantre se trouvent comme dans celle-ci, le coucou préfère leur nid à tous autres. Ce fait est assez singulier quant à celui du chantre, dont l'entrée est horisontale.

L'on m'indiqua, il y a trois ou quatre ans, un nid de cette sorte, que je conserve, et dans lequel, avec l'œuf du coucou, il s'en trouvoit cinq ou six du chantre. Ce nid étoit à deux pieds de hauteur ou environ, et dans un buisson de ronces si fourni que j'eus peine à y porter la main. Comment donc le coucou avoit-il pu y introduire son œuf ?

D'ordinaire cet oiseau n'en pond qu'un dans un nid; cependant le cas d'y en trouver deux n'est pas fort rare, et sur sept à huit nids je l'ai vu deux fois.

L'œuf du coucou est d'un blanc sale, marqué çà et là de taches brunâtres et irrégulières : il est presque rond et plus gros que celui de l'écorcheur. Sa coque est mince; c'est pourquoi il faut moins de temps au jeune coucou pour éclore. D'ailleurs je ne l'ai jamais vu au milieu des autres œufs, mais toujours à côté et sur le bord du nid, apparemment dans la place la plus propre à favoriser son incubation. Pour découvrir si cette conjecture étoit fondée, plus d'une fois je l'ai mis ailleurs; mais bientôt après il avoit repris sa première place : ce qui forme une sorte de preuve, que cet œuf n'est rien moins qu'abandonné par ses auteurs. Mais voulant m'assurer encore plus de ce fait contraire à l'opinion générale, j'ai employé des moyens qui m'ont parfaitement réussi, et je puis affirmer que le coucou vient de temps à autre visiter son œuf, et plus souvent quand son jeune doit éclore, attendu qu'après sa naissance ses parens jettent du nid tout ce qui peut le gêner ou lui nuire, œufs ou jeunes, ne faisant quartier à aucun.

Des naturalistes, auxquels ces manières de faire du coucou n'étoient sans doute rien moins que connues, ont publié que le jeune de cet oiseau vient à bien dans le même nid avec ceux du propriétaire, et que ces derniers, devenus trop grands pour pouvoir tenir dans un pareil logis, se réfugient dans la mousse et les herbes des environs, où ils sont nourris par leurs père et mère en même temps que le jeune coucou. Mais ces assertions, contraires à l'observation, ne sont pas même vraisemblables : on le reconnoîtra sans peine, en faisant attention aux inconvéniens et aux risques que courroit l'œuf du coucou, si cet oiseau n'usoit pas des précautions dont j'ai parlé. En effet, s'il arrivoit que les enfans de la maison ou les jeunes du nid dans lequel se trouveroit un tel œuf, vinssent à éclore ou à naître les premiers, leurs père et mère peu après, assez occupés de leur nourriture, s'amuseroient-ils à couver l'œuf intrus dans ce nid, et le pourroient-ils? Dans le cas, au contraire, que le jeune du coucou naîtroit en premier lieu, et que ses père et mère adoptifs devroient couver dans le même nid leurs propres œufs, ne seroit-il pas très-naturel qu'ils leur donnassent la préférence, et que le petit étranger fût négligé ou abandonné? Il est vrai que l'un et les autres venant à éclore en même temps ou à peu près, il seroit possible que tous fussent entretenus pendant quelques jours, même par un petit oiseau, comme un rougegorge ou un chantre; mais comment ensuite de tels pourvoyeurs, déjà assez occupés par un seul, pourroient-ils suffire à une multitude dont l'accroissement augmente chaque jour ses besoins? Il est très-assuré, d'autre part, qu'après quelque temps un nombre de jeunes ne pourroient tenir avec le coucou dans un nid tel que celui des oiseaux ci-dessus nommés, et que hors du nid ils périroient bientôt, soit par le défaut de chaleur, soit par les injures du temps, soit par la dent des animaux carnivores.

C'est surtout pendant les deux ou trois jours qui suivent la naissance du coucou, qu'il est assez laid pour qu'on ait dit qu'il ressemble à un crapaud; cependant il n'y a guères que des bucherons et autres gens pareils, toujours disposés à défigurer les objets, en voulant les rendre extraordinaires ou merveilleux, qui aient pu lui prêter une telle ressemblance. En effet, si le coucou qui vient de naître est couvert de poils noirâtres, si son corps paroît applati, et s'il ouvre un large bec lorsqu'on l'approche, ce n'est pas assez pour le dire semblable à l'animal le plus hideux. On retrouve ce propos plus ridiculement encore dans l'histoire de ces prétendus coucous qui passent l'hiver dans un creux d'arbre, et qui, pour se garantir, se dépouillent de leurs plumes. J'ai dit *plus ridiculement*, parce qu'en effet il n'en est pas d'un coucou adulte comme de celui qui vient de naître, puisque ce dernier présente véritablement quelque chose de singulier, au lieu qu'un coucou adulte n'a pas moins, quoique dépouillé, l'apparence d'un oiseau, qu'un merle dénué de ses plumes.

Le jeune coucou croît fort vîte, et ses père et mère nourriciers ne partageant pas leurs soins, on les voit sans cesse occupés de son bien-être. Il reçoit aussi la visite de ses parens, qui ne manquent pas de venir vers lui plus d'une fois le jour, et assez près pour en être vus et entendus, mais pas assez pour inquiéter ses pourvoyeurs : alors, plus satisfait, le jeune coucou cesse ses clameurs ordinaires. Au surplus, c'est sans fondement que l'on a dit qu'à cet âge il a le bec presque toujours ouvert; il ne l'ouvre que pour recevoir la becquée et pour en imposer à ceux qui l'approchent, ainsi que font les jeunes du torcou.

Devenu plus grand et en état de prendre l'essor, le jeune coucou quitte le lieu qui lui a servi de berceau, et dès-lors il va joindre ses vrais père et mère. On a dit qu'auparavant il dévoroit ceux qui l'avoient nourri. Ce qui a donné lieu à une accusation aussi singulière, ou plutôt à cette fable, c'est sans doute l'opinion dans laquelle l'on est assez généralement, que le coucou détruit les œufs et les jeunes des autres oiseaux : c'est l'histoire rapportée par M. Klein : c'est qu'on a pu trouver dans le ventricule de quelques jeunes coucous des indices qu'ils ne se nourrissent pas toujours et uniquement d'insectes (ayant vu moi-même un osselet dans l'estomac d'un coucou qui ne voloit que depuis peu) : c'est qu'il est connu que les coucous adultes sont méchans et jaloux à l'excès, qu'ils se poursuivent et se battent fréquemment ; que, sans armes offensives, ils joignent à la méchanceté une audace si grande, qu'il n'est peut-être pas d'être animé qui fasse mieux voir ce que peut le courage sans la force et avec un corps qui n'en a que l'apparence.

M'étant avisé de présenter un vieux coucou empaillé à un jeune de cette espèce que l'on nourrissoit à la maison, et qui pouvoit avoir alors sept à huit mois, je le vis sur le champ se boursouffler et redresser ses plumes comme font les dindons irrités ; puis étendant jusqu'à terre bientôt une de ses aîles, bientôt les deux, et s'élevant sur ses pieds le plus possible, s'abaissant ensuite pour se relever promptement, menaçant enfin des yeux, du bec et du gosier dont il sortoit un cri de colère, il s'élança avec fureur sur le coucou fixé sur le bois que je tenois à la main. Dix fois je le repoussai avec force, et lui donnant de grands coups, je le renversois ; cependant je ne pus jamais le rebuter, et quoique tout essoufflé, toujours il revenoit à la charge.

Depuis, ayant répété souvent et à dessein cette sorte de lutte, quelquefois en place du coucou empaillé je me suis servi d'un pic noir formidable par sa taille et par son grand et large bec; mais la vue de cet oiseau irritoit le champion au lieu de l'intimider, et sans perdre de temps il s'élançoit sur lui avec une fureur et un acharnement incroyables. Je le frappois du bec de mon pic, et je lui portois de tels coups, qu'en le renversant je le jetois au loin; ce qui ne faisoit que l'animer davantage : néanmoins, deux fois dans le fort du combat, et sans qu'il s'en pût douter, ayant substitué un jeune chat à l'oiseau empaillé dont je m'étois servi jusqu'alors, et s'étant rué sur lui comme de coutume, il n'eut pas plus tôt reconnu son erreur et à quel ennemi il avoit à faire, que promptement il prit son vol et s'éloigna le plus possible. Un geai vigoureux n'osoit l'approcher, et si par mégarde cela lui arrivoit, encore plus vîte il étoit chassé et poursuivi; des mésanges et des pinçons, oiseaux qui passent pour être hardis, fuyoient promptement, jetant des cris qui marquoient leur crainte, si on les mettoit à sa portée.

D'après ces faits et d'autres dont il sera question par la suite, l'on peut apprécier ce que des naturalistes ont écrit du jeune coucou de retour dans sa patrie après une première absence. Arrivé, disent-ils, dans le lieu où il est né, s'il y retrouve ses père et mère nourriciers et ses frères enfans de ceux-ci, tous éprouvent une joie réciproque, chacun à sa manière; et ce sont sans doute, ajoutent les auteurs de cette observation, ces caresses naturelles, ces expressions, ces cris d'allégresse et leurs jeux, que l'on aura pris pour une guerre que les petits oiseaux font au coucou... Mais ces prétendues caresses, mais ces témoignages d'amitié et de reconnoissance, sont aussi imaginaires que la barbarie et l'ingratitude reprochées au jeune coucou; et c'est ce dont j'ai eu lieu de me convaincre par nombre de faits par lesquels il est parfaitement prouvé, qu'au lieu d'être les bienvenus, les coucous sont assaillis et hués dès qu'ils se montrent, et ce non-seulement à leur arrivée et par quelques sortes d'oiseaux, mais encore dans tous les temps et par un grand nombre d'espèces.

Le jeune coucou ayant quitté ses pourvoyeurs et rejoint ses père et mère, il se tient avec eux ou à leur portée, tant et si long-temps qu'il a besoin de leur secours, et peut-être même fait-il le premier voyage en leur compagnie: cela est assez vraisemblable, étant de fait que dans le temps de l'émigration, l'on voit plusieurs coucous qui font route ensemble, qui s'arrêtent sur le même arbre où ils se reposent sans faire de bruit, car ces oiseaux ne se font entendre que dans la saison des nichées et jusques vers les premiers jours de juillet.

Les femelles passent pour n'avoir pas de vrai chant ou du moins pour l'avoir très différent de celui du mâle : ce fait ne seroit rien moins que certain, s'il étoit bien prouvé que ce fût à leur voix que les coucous mâles crussent se rendre, quand ils sont appelés par les chasseurs, qui ne font en effet qu'imiter leur chant ordinaire. Au reste, entre les coucous mâles il s'en trouve qui chantent, et qui néanmoins se refusent constamment aux invitations des chasseurs qui les appellent, et ce sont sans doute des individus qui sont appariés. J'ai déjà observé que c'est à l'occasion d'une pareille insensibilité, ou plutôt d'une fidélité semblable, que j'ai découvert et prouvé, contre l'opinion générale, que les cailles s'apparient.

Les coucous vivent d'insectes, et ils passent pour se nourrir aussi d'œufs et même des jeunes naissans qu'ils trouvent dans les nids des petits oiseaux; mais il est difficile de savoir au juste ce qu'il en est: car si j'ai vu un osselet dans le ventricule d'un coucou, j'ai vu aussi nombre de fois des œufs et des jeunes jetés par le coucou sans qu'il y eût aucunement touché. D'ailleurs je ne pourrois assurer que l'osselet ci-dessus fût d'un oiseau, quoique je l'examinai avec attention.

Un naturaliste a dit qu'il n'y avoit que les mâles qui fissent telle déprédation; mais cette opinion n'est aucunement fondée. Au surplus, s'il est vrai que les coucous se repaissent quelquefois d'œufs et même de jeunes, il n'est pas étonnant qu'ils soient odieux aux autres oiseaux, et que ceux-ci s'attroupent et se réunissent pour les insulter.

C'est en août et en septembre que les coucous nous quittent; alors on en voit jusques dans les lieux cultivés et peu éloignés des habitations. Dans cette saison ils prennent de l'embonpoint, et leur chair est très-délicate; mais difficilement on les approche. La plupart se retirent en Afrique, et l'on sait que dans les deux passages ils sont fort communs dans l'île de Malte.

EXPÉRIENCES,

OU OBSERVATIONS,

Qui forment la preuve de ce que j'ai dit du coucou, et de ce que j'en ai rapporté de contraire aux opinions et aux histoires qu'on en a données jusqu'à présent.

Observation première.

En mai 1776, je vis un nid de rougegorge dans lequel étoit né un coucou. Les œufs du rougegorge se trouvoient hors du nid, et placés de façon que cet oiseau étoit obligé de passer par-dessus pour parvenir à son nid.

Observation II.

Le 21 du même mois l'on me fit voir un nid de rougegorge avec un jeune coucou : trois petits rougegorges avoient été jetés hors du nid, et ceux-ci étoient étendus sans vie à très-peu de distance.

Observation III.

Vers le milieu de juin de la même année, il me fut montré un nid de chantre, qui étoit occupé par un jeune coucou. Je me plaçai de façon à pouvoir observer ses père et mère nourriciers, et plusieurs fois je les vis lui donner la becquée : un vieux coucou se faisoit entendre alors dans les environs, et il me parut que le petit lui répondoit.

Observation IV.

Le 2 juin 1788, j'allai voir un nid de rougegorge, dans lequel il y avoit sept œufs, un de coucou et six du rougegorge, qui couvoient fortement. Le 9, dans la matinée, tous étoient encore intacts; mais sur le soir, étant retourné vers le nid, et le rougegorge qui l'occupoit s'en étant allé, il mit à découvert un jeune qui venoit de naître. Le 11, sur le soir, les œufs du rougegorge accompagnoient encore le jeune; cependant, le 12, vers les dix heures du matin, j'en trouvai cinq jetés à un demi-pied du nid ou environ, et le sixième entre de petites racines qui étoient au-dessus. Je cassai un des œufs, et j'y vis un petit rougegorge prêt à éclore. Persuadé que cette expédition avoit été faite par les vieux coucous, pour mettre plus à l'aise leur petit, lui procurer une nourriture plus abondante, et donner à ses nourriciers plus d'attachement, je me fis une loge où je me plaçai, espérant pouvoir apprendre par ce moyen si les vieux coucous, après avoir débarrassé leur jeune naissant, continuent de le visiter. Mais pendant l'espace d'une heure et plus, je ne vis que les rougegorges qui sept fois entrèrent dans le nid; cependant j'ouïs constamment chanter des coucous dans les environs. Après six ou sept jours le jeune se trouva avoir déjà trois pouces et demi de longueur et un de largeur sur le dos : le 15 il avoit grossi très-considérablement, et ce jour l'œuf du rougegorge, qui étoit resté entre les racines au-dessus du nid, s'en étant détaché, je le trouvai avec le jeune coucou. Je l'accompagnai aussi-tôt de quatre autres tirés d'un nid d'écorcheur, voulant reconnoître si le coucou, en faisant sa visite ordinaire, les jetteroit, ou si le rougegorge trouvant ce nouvel embarras s'en déferoit; en conséquence je me mis dans ma loge, de laquelle je n'aperçus que les rougegorges, qui plusieurs fois vinrent ou pour couver le jeune coucou, ou pour lui donner la becquée. Quelques jours après, étant revenu voir le nid, je trouvai le jeune oiseau tranquillement sur les œufs qu'on y avoit introduits : ce qui prouve que les vieux coucous ayant une fois jeté ceux qui se trouvent dans le nid où leur jeune vient d'éclore, ils restent sans inquiétude à cet égard, n'étant pas naturel que des œufs sortis d'un nid y rentrent jamais.

Observation V.

Le 25 juin 1780, je me rendis dans la forêt de Hesse, pour y voir un nid de rougegorge dans lequel il y avoit quatre œufs de cet oiseau et deux de coucou; le rougegorge les couvoit, et j'observai que ceux du coucou étoient placés à l'ordinaire à côté des autres et vers les bords du nid : des coucous chantoient dans les environs.

Observation VI.

En juin 1782, il fut trouvé un nid de grande piegrièche, avec trois œufs, dont un de coucou; on le vit ensuite avec cinq : cependant le coucou naquit le premier, et il ne fut pas plus tôt né que les œufs de la piegrièche furent expulsés du nid. Le jeune coucou vint à bien, et fut nourri et entretenu par la piegrièche.

www.ingramcontent.com/pod-product-compliance
Ingram Content Group UK Ltd.
Pitfield, Milton Keynes, MK11 3LW, UK
UKHW020228200726
13856UKWH00004B/1662